熟成蛋糕

~越放越美味的糕点~

[日]矶贝由惠 著   周小燕 译

中国民族摄影艺术出版社

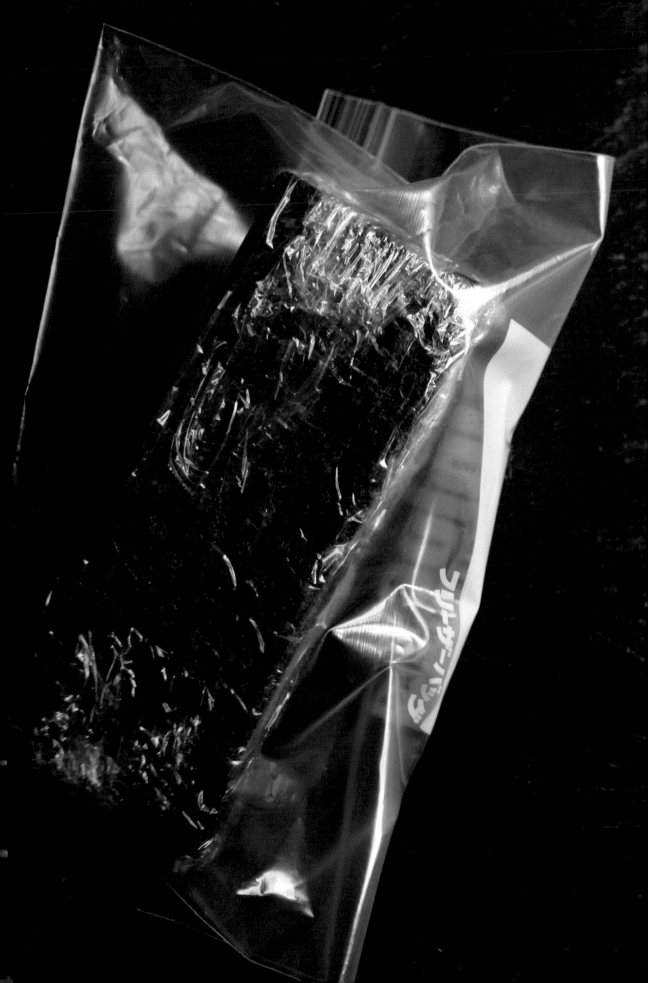

前 言

每年都会听到大家问我，今年还做熟成蛋糕吗？

入秋开始着手准备，熟成到圣诞节，静静等候享用美味。

蛋糕里放入被洋酒充分浸泡的水果干、果仁、香料和蜂蜜等，

今日复明日，明日复后日，

随着时间的流逝，食材的味道渗入到蛋糕中，形成熟成味道。

熟成蛋糕的起源要追溯到古罗马时期，当时人们为了祈祷丰收，

将前一年秋季收获的水果和果仁保存起来做成蛋糕。

本书中介绍的熟成蛋糕，既来源于这种古老的传统糕点，

又结合了自己的想法和理念。

做法非常简单，使用略微奢侈的食材，

经过时间的沉淀，味道变得浓郁，别有风味。

静候美食的这段日子，制作和品尝的人都是翘首以盼。

能让大家品尝到这种历经时间沉淀的经典美味，

通过这本书结识兴趣相投的朋友，

珍惜一起围坐在餐桌的时刻，

那我就很开心了。

矶贝由惠

Part 1

—

烘烤蛋糕

Baked type

Part 2

—

水蒸蛋糕

Steam type

Part 3
—

发酵蛋糕
Yeast type

开始制作之前

· 1大匙＝15mL、1小匙＝5mL、1杯＝200mL。

· 烤箱选用电烤箱。品牌和机种不同，加热时间也不同，要根据烘烤状态酌情调整。

关于食用日期和保存期限

在本书中，将建议的食用日期和保存期限明确在配方中标注。

```
食用日期
────────
0 个月后
```

标注只是建议食用时间。
如果超过了配方标注的食用时间，
也可以食用，而且也很美味。

```
保存日期
────────
0 个月
```

请在阴凉处（15℃）保存。
要根据食材的新鲜度和季节，对标注的保存期限酌情加减。

介绍3种
类型的
熟成蛋糕

Part 1 Baked type

保存期限： 3周~6个月

烘烤蛋糕

和普通的烘烤蛋糕一样，只需将材料搅拌均匀后倒入模具中，用烤箱烘烤即可。使用酒精、蜂蜜、橄榄油等保存效果较好的食材，即可享受浓缩的清新果香和香料、香草的浓郁香气。

Part 2 Steam type

保存期限： 3周~3个月

水蒸蛋糕

做法和食材与烘烤蛋糕基本相同，但不用烤箱烘烤，而是用蒸锅水蒸。虽然刚出锅就十分美味，但经过熟成后，食材的香味更加浓郁，口感更加绵润。

Part 3 Yeast type

保存期限： 2周~2个月

发酵蛋糕

食材的用法和烘烤蛋糕相同，但是利用天然酵母将蛋糕发酵后烘烤。作为发酵食品，对身体更有益，保存性更好。史多伦蛋糕（stollen）、巴巴蛋糕（baba）和咕咕霍夫蛋糕（kouglof）等传统蛋糕，都属于发酵蛋糕。

制作熟成味道的食材

酒精

—

通过酒精的作用，砂糖的甜味被软化变得温和，生粉消失，口感变得顺滑。可用来腌渍水果干，或者倒入锅内煮，或者抹在烤好的蛋糕上（酒浸P10），不同的配方变换不同用法。酒精度数较高的蒸馏酒，杀菌效果较好，保存期限较长。本书中常用朗姆酒、白兰地、利口酒和伏特加等。啤酒、葡萄酒等酿造酒没有杀菌效果，但经过时间沉淀，口感会变得浓郁。

糖类

—

砂糖有渗透作用，可以防止腐败菌的繁殖，常用来保存食物。本书中介绍的是在烤好的蛋糕上涂抹糖浆的保存方法。除了细砂糖外，还有富含矿物质和维生素的黄糖、黑糖。蜂蜜有杀菌效果和保湿成分，随着熟成，口感变得绵润，味道变得丰富。将糖枫的树液煮成枫糖浆，香气自然，熟成后产生香草或果实般的味道。

油脂

—

让面糊变得柔软，以免干燥，熟成后口感更好，味道和香味更浓郁。除了将黄油放入面糊中外，将融化黄油的澄清层（澄清黄油P64）抹在烤好的蛋糕上，有提高保存性的作用。使用含有抗酸化成分的橄榄油，即使香蕉等难以保存的食材，也能延长保存时间。另外，油脂的养分也能凸显食材本身的香味，增添清新的果香。

历经时间沉淀，味道变得浓郁，保存性较高的主要食材。
使用这些食材，就能做出美味的熟成蛋糕。

水果干/香草

—

水果经日晒干燥成的水果干，矿物质丰富，天然果糖香甜可口，丰富了蛋糕的味道。随着蛋糕的熟成，水果的天然香甜会渗入蛋糕中。本书中使用葡萄干、莓果、无花果、杏、椰枣、柿干等。
香味丰富的香草有保存作用，用于装饰，让蛋糕变得华丽。本书中除使用迷迭香、干薰衣草等，还有将茴香的果实干燥做成八角香料。

香料

—

将植物的根、茎，树木的皮、种子、叶、花等干燥制成的香料。有抑制油脂酸化，腐败菌和霉菌产生的作用，有着各种味道的芳香。和粉类均匀混合后倒入材料中，和水果干一起用锅煮，不同的配方有不同的用法。熟成后形成个性鲜明的味道。本书中使用桂皮、丁香、香菜、小豆蔻、生姜等。使用1粒混合桂皮、丁香和肉豆蔻香味的多香果，更加方便。

天然酵母 (即发干酵母)

—

发酵蛋糕（P62～77）制作的重点是使用即发干酵母让蛋糕糊膨胀。使用前用接近人体温度的牛奶融化，酵母吸收水分后，变成新鲜酵母的状态，恢复发酵作用。天然酵母的发酵，因为发酵缓慢，所以味道更好，更利于保存。蛋糕糊变得松软有弹性，烤好后有面包一样的味道。涂抹足量的糖浆，熟成后更美味。

※天然酵母（即发干酵母）有各种类型，使用方法不同，请注意使用（按照说明书的步骤操作）。

熟成和保存的4个要点

Point 1

涂抹酒精

—

在烤好的蛋糕上涂抹酒精，叫做"酒浸"。涂抹有杀菌作用的蒸馏酒，可提高保存性，随着时间的沉淀，酒精的味道也会变得浓郁。要根据配方选择合适的酒，其中以甘蔗为原料的朗姆酒，蔗糖味道浓郁，适合搭配使用砂糖的蛋糕。

烘烤完毕后脱模，放在烤网上，放凉后用刷子均匀涂抹。长期熟成，需每周重复1次。

Point 2

浸入糖浆或者果胶

—

在糕点上涂抹糖浆或者为了增添光泽涂抹果胶，要使用砂糖、蜂蜜、柠檬汁等有杀菌作用或保存效果的材料，将烤好的蛋糕充分浸入。保存效果自不必说，随着时间的流逝味道更浓郁，产生了熟成味道。另外，蜂蜜含有保湿成分，有让糕点更绵润的效果。

除了脱模用刷子涂抹外，也可以放入模具中淋上糖浆，等糖浆慢慢浸入蛋糕后再脱模。

本书介绍的熟成蛋糕，制作方法非常简单，
为了做出美味熟成、能长期保存的蛋糕，一定要掌握以下4个要点。

Point 3

不要让蛋糕糊分离

—

正因为做法简单，只需将材料搅拌均匀即可，所以蛋糕糊的细腻程度决定了熟成味道的好坏。关键在于搅拌时不要让各种材料分离。油脂和水分分离容易产生霉菌，味道也会变差。要一点点倒入橄榄油，要将鸡蛋蛋黄和蛋白分开依次搅拌，以免分离。

鸡蛋分为蛋黄和蛋白，搅拌有乳化作用的蛋黄后，一点点放入水分较多的蛋白搅拌。

为了让橄榄油乳化，要一点点滴入，用打蛋器不断搅拌。

搅拌粉类时，边转动碗，边用橡皮刮刀像画圈一样从底部往上翻拌。搅拌到没有生粉就可以。

Point 4

密封好在阴凉处保存

—

等烤好的蛋糕完全放凉后，用保鲜膜包裹，放入保鲜袋中。为了避免干燥或者渗入味道，一定要密封好。期间分切的蛋糕也用这种方法保存。温度控制也很重要，要在15℃以下的阴凉处保存。

用保鲜膜将蛋糕完全包裹（最好是两层），这样避免接触空气，进入保鲜袋的空气也要挤出来。

Part 1

烘烤蛋糕
Baked type

烘烤蛋糕，就是将材料搅拌均匀后用烤箱烘烤。

烤好后静置熟成，做出浓郁醇厚的美味。

正因为做法非常简单，所以关键在于使用的材料。

大量使用水果干、新鲜水果、蔬菜等，

搭配酒精或香料等制作熟成味道的材料。

随着熟成，果实的甜味和味道浓缩，渗入蛋糕中。

请慢慢享用这日日变化带来的惊艳味道。

黑蛋糕 —→ Page 14

食用日期	保存期限
3 个月后~	*6* 个月

黑蛋糕

这款蛋糕常用于庆贺圣诞，已经有 15 年以上的历史了。
入秋开始烘烤蛋糕，涂抹朗姆酒或白兰地慢慢熟成。
食用时切薄片，一点点感受浓郁华丽的味道。

材料（20cm×9cm×高8cm的磅蛋糕模具 1个）

A
葡萄干	70g
苏丹娜无籽葡萄	30g
无花果干	50g
糖渍橙皮（或者糖渍橙片P44）	100g
糖渍柠檬皮（或者糖渍橙片P44）	50g
白兰地	50mL
朗姆酒	50mL

高筋面粉	1大匙
黄油（无盐）	65g
细砂糖	65g
蜂蜜	1大匙
鸡蛋	1个
小苏打	⅔小匙
香草豆荚	⅓根

B
低筋面粉	80g
肉桂粉	⅓小匙
丁香粉	⅓小匙

核桃	50g
朗姆酒	1½大匙

* **苏丹娜无籽葡萄**
日晒干燥时间短，颜色呈明亮的金黄色。
酸味较少，香甜可口。

准备

· 黄油和鸡蛋室温静置回温。

· 无花果干切成5mm小块，橙皮和柠檬皮
  切细丝。

· 小苏打用同量的水（分量以外）融化。

· 香草豆荚纵向对半切，将香草籽刮出。

· 将B均匀混合过筛。

· 核桃放入预热后的烤箱，用150℃干烤
  15分钟，切成约5mm粗末。

· 模具内涂抹黄油（分量以外），铺上烘
  焙纸。

做法

1.

锅内倒入A，中火加热，煮到
没有水分。放在笊篱上放凉，
倒入碗内裹上高筋面粉。

2.

另取一碗，放入黄油，用橡皮刮刀搅拌到顺滑，放入细砂糖，搅拌均匀。

3.

改用打蛋器，搅拌成颜色发白的奶油状。

4.

依次放入蜂蜜、蛋液、融化的小苏打、香草籽，搅拌均匀。

*蛋黄有乳化作用，蛋白几乎都是水分，所以要按照先蛋黄后蛋白的顺序放入，这样不易分离。

5.

将B再次过筛放入，用橡皮刮刀像画圈一样从底部往上翻拌，搅拌到没有生粉。

6.

放入1、核桃、½大匙朗姆酒，搅拌到面糊出现光泽，倒入模具。

7.

用勺子背部在中间划一道，放入预热后的烤箱，用160℃烘烤50～60分钟，插入牙签再抽出，十分干净就可以了。

8.

脱模放在烤网上，用刷子将剩余的朗姆酒刷在蛋糕上。

9.

用保鲜膜包裹，放入保鲜袋中，在阴凉处静置约10天。

*每周用刷子刷一次朗姆酒或者白兰地（分量以外），增强保存效果。

黑啤酒蛋糕

大量的水果干和香料一起，用酒精煮3大。

浓郁的啤酒和清香的柑橘类，是这款蛋糕味道的关键。

开始味道略浓烈，随着熟成，味道变得柔和。

材料（直径18cm的蛋糕模具 1个）

A
- 黄油（无盐）……………… 90g
- 水果干…………………… 450g
  （选择喜欢的水果。本书中是葡萄干200g、苏丹娜无籽葡萄100g、椰枣50g、菠萝干50g、无花果干50g）
- 黄糖………………………… 90g
- 柠檬汁……………………1大匙
- 柠檬皮屑……………… ½个柠檬的量
- 橙汁………………………2大匙
- 橙皮屑……………… ½个橙子的量
- 啤酒（或者黑啤）……………90mL
- 白兰地……………………40mL
- 肉桂粉…………………… ⅔小匙
- 多香果…………………… ⅔小匙
- 姜粉……………………… ¼小匙
- 小豆蔻粉………………… ¼小匙
- 肉豆蔻粉………………… ⅛小匙

- 鸡蛋………………………2个

B
- 低筋面粉………………… 120g
- 泡打粉…………………… ⅓小匙

准备

- 鸡蛋室温静置回温。
- 将B均匀混合过筛。
- 模具内涂抹黄油（分量以外），底部铺上剪成圆形的烘焙纸。

做法

1. 锅内放入A，中火加热，沸腾后转小火，煮约10分钟。静置3天放凉（图片）。

2. 碗内打入鸡蛋，用打蛋器打散，放入1搅拌均匀。

3. 将B再次过筛放入，用橡皮刮刀像画圈一样从底部往上翻拌，搅拌到出现光泽。

4. 倒入模具，放入预热后的烤箱，用160℃烘烤90分钟，插入牙签再抽出，十分干净就可以了。脱模，放在烤网上，放凉后用保鲜膜包裹，放入保鲜袋中，在阴凉处静置约10天。

* **黑啤**

用烘烤的大麦制成的味道浓郁的啤酒。代表性品牌有吉尼斯（Guinness）。

水果干用酒精煮到柔软，让味道逐渐渗入。

橙杏蛋糕

放入大量杏，让蛋糕酸甜可口。

食用日期	保存期限
1 周后~	*1* 个月

材料（直径14cm的锅 1个）

A
- 杏干·············· 100g
- 橙汁··············80mL
- 黄糖·············· 50g
- 细砂糖·············· 50g
- 蜂蜜·············· 1小匙

- 鸡蛋·············· 2个
- 橄榄油··············80mL

B
- 低筋面粉·············· 80g
- 全麦粉·············· 40g
- 泡打粉·············· 1小匙
- 肉桂粉·············· ½小匙

- 菠萝干（装饰用）·········· 50g
- 白朗姆酒·············· 1½大匙
- 糖粉·············· 少量

* 选用适用于烤箱材质的锅。

准备

- 鸡蛋室温静置回温。将B均匀混合后过筛。
- 将A的菠萝干切成5mm小块。装饰用的菠萝干用水浸泡，切成4等分。
- 模具（锅）内涂抹黄油（分量以外），铺上烘焙纸。

做法

1. 锅内倒入A，中火加热，沸腾后转小火煮2~3分钟。关火放凉，放入½大匙白朗姆酒。

2. 碗内打入鸡蛋，用打蛋器打散，一点点倒入橄榄油搅拌，放入1搅拌均匀。将B再次过筛放入，用橡皮刮刀搅拌到出现光泽。

3. 将蛋糕糊倒入模具中，放入预热后的烤箱，用170℃烘烤20分钟。中间取出放上装饰用的菠萝，继续烘烤约20分钟，插入牙签再抽出，十分干净就可以了。

4. 脱模后放在烤网上，用刷子刷上剩余的白朗姆酒，放凉后撒上糖粉。用保鲜膜包裹，放入保鲜袋，在阴凉处静置约3天。

谷物夹心蛋糕

酸甜可口、味道浓郁的果泥搭配天然麦香的粉类。

材料（18cm长塔盘 1个）

A	菠萝干…………………………	60g
	葡萄干…………………………	20g
	无花果干………………………	120g
	椰枣……………………………	120g
	苹果……………………	50g（净重）
	水………………………………	150mL
	柠檬皮屑…………	½个柠檬的量
	柠檬汁…………………………	1大匙
B	高筋面粉………………………	75g
	低筋面粉………………………	75g
	泡打粉…………………………	½小匙
	肉桂粉…………………………	¼小匙
	燕麦……………………………	55g
	核桃（或者山核桃）…………	30g
	黄糖……………………………	30g
	细砂糖…………………………	30g
	盐………………………………	¼小匙
	橄榄油…………………………	80mL
	牛奶……………………………	1½大匙

准备

· 将菠萝干、无花果干、椰枣、苹果（剥皮）切成约5mm小块。

· 高筋面粉、低筋面粉、泡打粉、肉桂粉均匀混合后过筛。

· 核桃放入预热后的烤箱，用150℃干烤15分钟，切粗末。

· 模具内涂抹黄油（分量以外），铺上烘焙纸。

做法

1. 锅内放入A，中火加热，沸腾后转小火煮10分钟，放凉。

2. 碗内放入B搅拌均匀，倒入橄榄油，用手磨搓成松散的状态，倒入牛奶揉圆。

3. 模具依次交叉放入½的2、1、剩余的2。

4. 放入预热后的烤箱，用190℃烘烤30分钟。表面呈金黄色后就烤好了。放凉后脱模，用保鲜膜包裹，放入保鲜袋，在阴凉处静置约3天。

柿干无糖无油蛋糕 —→ Page 22

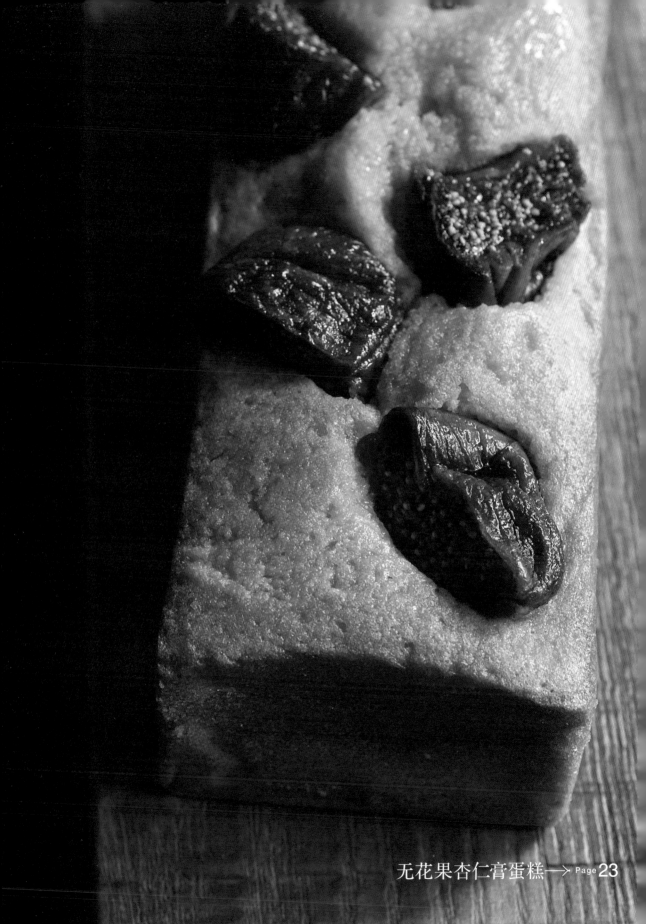

无花果杏仁膏蛋糕—→ Page23

柿干无糖无油蛋糕

柿干应季的时候一定要做这款蛋糕，对身体也有益。

经日晒干燥后香甜的水果干，非常适合搭配麦香浓郁的全麦粉。

随着时间流逝，水果天然的香味渗入蛋糕中，虽然无糖，但满满都是香甜的味道。

材料（20cm×9cm×高8cm榜蛋糕模具 1个）

柿干（或者椰枣、小枣）……………

……………………………… 100g（3个）

水果干…………………………… 200g

（选择喜欢的水果，本书中使用的是葡萄干70g、
西梅干60g、无花果干70g）

水………………………………… 130mL

橙皮屑………………………… ½个橙子的量

A {
全麦粉…………………………… 40g

低筋面粉………………………… 70g

泡打粉……………………………… 1½小匙

肉桂粉……………………………… ¼小匙

丁香粉……………………………… ⅛小匙

肉豆蔻粉………………………… ⅛小匙
}

朗姆酒…………………………… 3大匙

准备

· 柿干、水果干取出种子，切成1cm小块。

· 将A均匀混合后过筛。

· 模具内涂抹黄油（分量以外），铺上烘焙纸。

做法

1. 锅内放入水、柿干、水果干，中火加热，沸腾后离火，放入2大匙朗姆酒，放凉。

2. 碗内放入1和橙皮屑，将A再次过筛后放入，用橡皮刮刀搅拌到没有生粉。

3. 倒入模具中，放入预热后的烤箱，用180℃烘烤约50分钟，插入牙签再抽出，十分干净就可以了。

4. 脱模后放在烤网上，用刷子刷上剩余的朗姆酒。用保鲜膜包裹，放入保鲜袋中，在阴凉处静置约3天。

无花果杏仁膏蛋糕

以含有大量抗酸化作用的杏仁膏为基础的蛋糕。
放入杏仁膏，做出绵润的口感、香甜的味道。
无花果变换切法放入，丰富了蛋糕的味道和口感。

材料（20cm×9cm×8cm的磅蛋糕模具1个）

A ⎡ 新鲜杏仁膏* ····················· 160g
  ⎣ 鸡蛋 ······························· 2个
  无花果干 ···························· 120g
  低筋面粉 ···························· 30g
  橙皮屑 ························· ½个橙子的量
  黄油（无盐）······················· 60g
  朗姆酒 ···························· 1½大匙

准备

· 鸡蛋室温静置回温。

· 低筋面粉过筛。

· 黄油隔水加热融化。

· 将一半无花果干切成5mm小块，撒上高筋面粉
  （分量以外）。剩余的一半对半切。

· 模具内涂抹黄油（分量以外），铺上烘焙纸。

做法

1. 碗内放入A，用橡皮刮刀搅拌均匀，用电动打蛋
   器（或者手动打蛋器）打发到柔软的奶油状。

2. 放入低筋面粉，用橡皮刮刀搅拌到没有生粉，
   放入橙皮、融化的黄油和½大匙朗姆酒，搅拌
   到出现光泽。

3. 倒入模具中，撒上无花果干5mm小块，放入预
   热后的烤箱，用160℃烘烤20~25分钟。

4. 期间取出撒上剩余的无花果干，插入牙签再抽
   出，十分干净就可以了。

5. 脱模后放在烤网上，用刷子刷上剩余的朗姆
   酒，放凉。用保鲜膜包裹，放入保鲜袋中，在
   阴凉处静置约3天。

* 新鲜杏仁膏的材料和做法
（方便制作的量）

碗内放入杏仁粉125g、细砂糖
125g、蛋白1个，搅拌均匀，揉成
团后用手揉捏。用保鲜膜包裹，放
入冰箱可以冷藏保存1个月。

食用日期	保存期限
1 周后~	*1* 个月

蜂蜜柠檬蛋糕

虽然磅蛋糕做法简单，但让糖浆慢慢渗入，味道浓郁醇厚。
柠檬的清香蔓延开来，口感变得绵软。
搅拌时注意不要让材料分离，制作口感好的蛋糕糊是熟成的关键。

材料（20cm×9cm×高8cm的磅蛋糕模具1个）

	黄油（无盐）……………	100g
	细砂糖………………	50g
	鸡蛋…………………	2个
A	低筋面粉……………	120g
	泡打粉………………	1小匙
	牛奶…………………	1大匙
	柠檬皮屑…………	1个柠檬的量
B	水…………………	75mL
	蜂蜜………………	25g
	细砂糖………………	60g
	柠檬汁………………	50mL

准备

· 黄油、鸡蛋、牛奶室温静置回温。

· 将A均匀混合后过筛。

· 模具内涂抹黄油（分量以外），铺上烘焙纸。

做法

1. 制作糖浆。锅内放入B，中火加热，沸腾后等细砂糖融化，离火（图片）。

2. 碗内放入黄油，用橡皮刮刀搅拌到顺滑，放入细砂糖搅拌均匀，改用打蛋器，搅拌成颜色发白的奶油状。

3. 放入蛋液搅拌均匀（按照蛋黄、蛋白的顺序。P11）将A再次过筛后放入。用橡皮刮刀像画圈一样从底部往上翻拌，搅拌到没有生粉。

4. 放入牛奶、柠檬皮，搅拌到出现光泽，倒入模具中，用勺子背部在中间划一道。

5. 放入预热后的烤箱，用170℃烘烤约35分钟，插入牙签抽出非常干净就可以了。

6. 将1的糖浆从上往下淋下，渗入蛋糕中脱模，放在烤网上放凉。用保鲜膜包裹，放入保鲜袋中，在阴凉处静置约3天。

用于熟成的糖浆。
可以多做一些，放
入冰箱冷藏可保
存约1个月。

菠萝啤酒蛋糕 → Page 28

果仁胡萝卜磅蛋糕 → Page 28

苹果燕麦蛋糕 —→ Page 29

黑糖香蕉蛋糕 —→ Page 29

菠萝啤酒蛋糕

入口皆是菠萝的清香和酸味。

食 用 日 期	保 存 期 限
5 天后~	3 周

材料（18cm长塔盘 1个）

A
- 啤酒* ·················· 150mL
- 柠檬汁················· 50mL
- 细砂糖················· 90g
- 黄油（无盐）··········· 90g
- 菠萝·········· 150g（净重）
- 葡萄干················· 50g
- 鸡蛋·····················2个

B
- 低筋面粉··············· 125g
- 姜粉··················· ½小匙
- 泡打粉················· 1小匙
- 白朗姆酒················· 1½大匙

* 建议选用清爽的啤酒。

准备

- 菠萝去皮去芯，切成8mm小块。
- 鸡蛋室温静置回温。将B均匀混合后过筛。
- 模具内涂抹黄油（分量以外），铺上烘焙纸。

做法

1. 锅内放入A，中火加热，沸腾后转小火煮约12分钟，放凉，倒入½大匙白朗姆酒。
2. 碗内打入鸡蛋，用打蛋器打散，将1搅拌均匀。
3. 另取一碗，将B再次过筛放入，放入½的2，用橡皮刮刀搅拌到没有生粉。
4. 放入剩余的2，搅拌到出现光泽，倒入模具中，放入预热后的烤箱，用170℃烘烤45分钟。
5. 脱模后刷上剩余的白朗姆酒，放凉后用保鲜膜包裹，放入保鲜袋，静置约2天。

果仁胡萝卜磅蛋糕

放入香甜的胡萝卜和香料、果仁，充满异国风情。

食 用 日 期	保 存 期 限
1 周后~	1 个月

材料（18cm长塔盘1个）

- 鸡蛋·····················1个

A
- 黄糖··················· 20g
- 细砂糖················· 20g
- 蜂蜜·····················2大匙
- 橄榄油·················60mL

B
- 低筋面粉··············· 25g
- 玉米淀粉··············· 30g
- 杏仁粉················· 45g
- 肉桂粉················· ½小匙
- 泡打粉················· ½小匙
- 胡萝卜····· 1根（净重160g）

C
- 开心果················· 30g
- 杏仁··················· 40g
- 榛子仁················· 30g
- 杏干··················· 60g
- 白兰地················· 1½大匙

准备

- 鸡蛋室温静置回温。将B均匀混合后过筛。
- 胡萝卜连皮一起磨碎。
- 杏仁和榛子仁放入预热后的烤箱，用150℃干烤15分钟，对半切开。杏干切成5mm小块。
- 模具内涂抹黄油（分量以外），铺上烘焙纸。

做法

1. 碗内打入鸡蛋，用打蛋器打散，将A搅拌均匀。
2. 橄榄油一点点放入搅拌，将B再次过筛后放入，用橡皮刮刀搅拌到没有生粉。
3. 放入胡萝卜、C、½大匙白兰地，搅拌到出现光泽，倒入模具，放入预热后的烤箱，用170℃烘烤45分钟。
4. 脱模后刷上剩余的白兰地，放凉后用保鲜膜包裹，放入保鲜袋，静置约3天。

黑糖香蕉蛋糕

橄榄油的作用让香蕉的味道变得浓郁。

材料（20cm×9cm×高8cm的磅蛋糕模具 1个）

鸡蛋	2个
黑糖	50g
细砂糖	50g
橄榄油	100mL
A 低筋面粉	100g
肉桂粉	½小匙
泡打粉	½小匙
香蕉	1根（净重）
朗姆酒	2小匙

准备

- 鸡蛋室温静置回温。将A均匀混合后过筛。
- 将香蕉剥皮，用叉子捣碎。
- 模具内涂抹黄油（分量以外），铺上烘焙纸。

做法

1. 碗内打入鸡蛋，用打蛋器打散，放入黑糖和细砂糖搅拌均匀。

2. 一点点放入橄榄油搅拌，将A再次过筛后放入，用橡皮刮刀搅拌到没有生粉。

3. 放入香蕉和朗姆酒，搅拌到出现光泽，倒入模具中，放入预热后的烤箱，用160℃烘烤60分钟。

4. 脱模，放凉后用保鲜膜包裹，放入保鲜袋中，静置约4天。

苹果燕麦蛋糕

放入捣碎的苹果和燕麦，非常健康。

材料（20cm×9cm×高8cm磅蛋糕模具 1个）

鸡蛋	1个
A 黄糖	45g
细砂糖	45g
盐	¼小匙
橄榄油	75mL
B 低筋面粉	75g
全麦粉	30g
泡打粉	¾小匙
肉桂粉	½小匙
苹果	½个
燕麦	20g
葡萄干	30g
白兰地	1½大匙

准备

- 鸡蛋室温静置回温。将B均匀混合后过筛。
- 苹果剥皮去芯，捣碎。
- 葡萄干用½大匙白兰地浸泡。
- 模具内涂抹黄油（分量以外），铺上烘焙纸。

做法

1. 碗内打入鸡蛋，用打蛋器打散，将A搅拌均匀。

2. 一点点倒入橄榄油搅拌，将B再次过筛后放入，用橡皮刮刀搅拌到没有生粉。

3. 放入苹果、燕麦、泡软的葡萄干，搅拌到出现光泽，倒入模具中，放入预热后的烤箱，用170℃烘烤40分钟。

4. 脱模后刷上剩余的白兰地，放凉后用保鲜膜包裹，放入保鲜袋中，静置约3天。

香料南瓜蛋糕

南瓜应季的时候一定要做这一款蛋糕。

熟成后口感绵润、味道丰富，点缀上口感独特的南瓜子。

将南瓜和果泥揉匀制作，冷冻保存后用于烹饪，也十分方便。

材料（直径18cm咕咕霍夫模具 1个）

鸡蛋·······················2个

A ┌ 细砂糖····················· 90g
  │ 黄糖·······················60g
  └ 盐·······················¼小匙

南瓜·······················220g

橄榄油·····················100mL

B ┌ 低筋面粉···················150g
  │ 全麦粉·····················20g
  │ 泡打粉···················1小匙
  │ 肉桂粉···················1小匙
  │ 姜粉·····················½小匙
  │ 多香果···················½小匙
  └ 肉豆蔻粉·················⅛小匙

葡萄干·····················50g

南瓜子·····················20g

朗姆酒···················1½大匙

准备

· 鸡蛋室温静置回温。

· 南瓜剥皮煮到柔软（或者蒸软），用食物料理机搅拌到泥状。

· 将B均匀混合后过筛。

· 葡萄干用½大匙朗姆酒浸泡。

· 模具（无需不粘材质）内涂抹黄油（分量以外）。

做法

1. 碗内打入鸡蛋，用打蛋器打散，将A、南瓜泥依次放入搅拌均匀。

2. 一点点倒入橄榄油搅拌，将B再次过筛后放入，用橡皮刮刀像画圈一样从底部往上翻拌，搅拌到没有生粉。

3. 放入泡软的葡萄干、南瓜子，搅拌到出现光泽，倒入模具中。

4. 放入预热后的烤箱，用170℃烘烤40分钟，插入牙签抽出非常干净就可以了。

5. 脱模后放在烤网上，用刷子刷上剩余的朗姆酒，放凉。用保鲜膜包裹，放入保鲜袋，在阴凉处静置约3天。

香料橙子蛋糕

装饰上橙子和香料，非常华丽，适合作为礼物。

食用日期	保存期限
1周后~	2个月

材料（直径12cm的锅* 1个）

	鸡蛋··································	1个
A	黄糖··································	30g
	蜂蜜··································	1大匙
	橄榄油······························	40mL
B	低筋面粉····························	45g
	杏仁粉······························	45g
	泡打粉······························	¼小匙
C	肉桂··································	½片
	八角··································	1个
	小豆蔻籽····························	3粒
	橙子（或者糖渍橙片P44）··········	
	·····························	½个橙子的量
	白兰地···························	1½大匙

* 选用适用于烤箱材质的锅。

准备

· 鸡蛋室温静置回温。将B均匀混合后过筛。

· 将小豆蔻捣碎，从豆荚里取出种子。将橙子切成3mm厚的橙片。

· 模具（锅）内涂抹黄油（分量以外），铺上烘焙纸。

做法

1. 碗内打入鸡蛋，用打蛋器打散，将A搅拌均匀。

2. 一点点倒入橄榄油搅拌均匀，将B再次过筛后放入，用橡皮刮刀搅拌到没有生粉。倒入½大匙白兰地，搅拌到出现光泽，倒入模具中，将C放在上面。

3. 放入预热后的烤箱，用170℃烘烤35分钟。脱模后刷上剩余的白兰地，放凉后用保鲜膜包裹，放入保鲜袋中，静置约3天。

* 食用时将肉桂和八角取出。

薰衣草柠檬蛋糕

柠檬和薰衣草慢慢散开的清香蛋糕。

食用日期	保存期限
1周后~	2个月

材料（直径12cm的锅* 1个）

	鸡蛋··································	1个
A	细砂糖······························	75g
	盐··································	¼小匙
	橄榄油······························	50mL
B	低筋面粉····························	90g
	泡打粉······························	½小匙
C	原味酸奶····························	60g
	柠檬皮屑······················	½个柠檬的量
	干薰衣草····························	1小匙
D	蜂蜜··································	½大匙
	柠檬汁······························	½大匙
	细砂糖······························	30g
	干薰衣草（装饰用）················	适量

* 选用适用于烤箱材质的锅。
* 建议选用花（薰衣草）香浓郁的蜂蜜。

准备

· 鸡蛋室温静置回温。将B均匀混合后过筛。

· 模具（锅）内涂抹黄油（分量以外），铺上烘焙纸。

做法

1. 将D倒入容器中，隔水加热融化。

2. 碗内打入鸡蛋，用打蛋器打散，将A搅拌均匀。

3. 一点点倒入橄榄油搅拌，将B再次过筛后放入，用橡皮刮刀搅拌到没有生粉。放入C，搅拌到出现光泽，倒入模具，放入预热后的烤箱，用170℃烘烤35分钟。

4. 脱模后用刷子刷上1，撒上干薰衣草，放凉。用保鲜膜包裹，放入保鲜袋，静置约3天。

香料橙子蛋糕

薰衣草柠檬蛋糕

迷迭香橄榄蛋糕

适合与葡萄酒搭配的蛋糕。请一起搭配奶酪食用。

食用日期	保存期限
1周后~	2个月

材料（20cm×9cm×高8cm磅蛋糕模具 1个）

A
- 鸡蛋·····················2个
- 细砂糖····················50g
- 蜂蜜·····················1大匙

- 橄榄油····················80mL

B
- 低筋面粉···················100g
- 泡打粉····················½小匙

- 迷迭香叶···················3片
- 绿橄榄····················4个
- 迷迭香····················2根

C
- 蜂蜜·····················1大匙
- 橄榄油····················1大匙

准备

· 鸡蛋室温静置回温。将B均匀混合后过筛。

· 迷迭香叶切碎，绿橄榄对半切开。

· 模具内涂抹黄油（分量以外），铺上烘焙纸。

做法

1. 将C倒入容器内，隔水加热融化。

2. 碗内打入鸡蛋，用打蛋器打散，将A搅拌均匀。

3. 一点点倒入橄榄油搅拌，将B再次过筛后放入，用橡皮刮刀搅拌到没有生粉。放入迷迭香叶，搅拌到出现光泽，倒入模具中。

4. 放入预热后的烤箱，用170℃烘烤20分钟，期间取出放上绿橄榄、迷迭香，继续烘烤约20分钟，插入牙签再抽出，十分干净就可以了。

5. 脱模后放在烤网上，用刷子刷上1，放凉。用保鲜膜包裹，放入保鲜袋中，在阴凉处静置约3天。

复古红蛋糕

味道浓郁醇厚，就像品尝完全熟成的红葡萄酒。

<table>
<tr><td>食用日期</td><td>保存期限</td></tr>
<tr><td>1周后~</td><td>1个月</td></tr>
</table>

材料（20cm×9cm×高8cm磅蛋糕模具 1个）

黄油（无盐）·······················100g

细砂糖································100g

鸡蛋·····································2个

A
┌ 低筋面粉··························100g
│ 泡打粉······························1小匙
│ 可可粉····························1½小匙
│ 肉桂粉····························½小匙
└ 丁香粉····························¼小匙

红葡萄酒··························80mL

葡萄干·································40g

巧克力碎······························30g

伏特加·································2小匙

准备

· 黄油和鸡蛋室温静置回温。将A均匀混合后过筛。

· 葡萄干用60mL红葡萄酒浸泡。

· 模具内涂抹黄油（分量以外），铺上烘焙纸。

做法

1. 碗内放入黄油，用橡皮刮刀搅拌到顺滑，放入细砂糖搅拌均匀，改用打蛋器搅拌成颜色发白的奶油状。

2. 放入鸡蛋搅拌均匀（依次放入蛋黄、蛋白。P11），将A再次过筛放入，用橡皮刮刀搅拌到没有生粉。

3. 放入泡软的葡萄干，搅拌到没有生粉，放入巧克力碎搅拌，倒入模具中，放入预热后的烤箱，用170℃烘烤45分钟，插入牙签抽出非常干净就可以了。

4. 依次用刷子刷上剩余的红葡萄酒、伏特加，脱模，放在烤网上放凉。用保鲜膜包裹，放入保鲜袋，在阴凉处静置约2天。

枫糖生姜蛋糕

枫糖味道柔和，让人想到了香草和果实的味道。

材料（18cm长塔盘 1个）

	黄油（无盐黄油）………………………	60g
A	黄糖	25g
	细砂糖	25g
	鸡蛋	2个
B	低筋面粉……………………	150g
	泡打粉……………………	1⅓小匙
C	枫糖浆	100mL
	牛奶	3大匙
	生姜汁……… 1½大匙（1片生姜的量）	
	桂花陈酒（或者雪利酒）……… 1½大匙	

做法

1. 碗内放入黄油，用橡皮刮刀搅拌到顺滑，放入A搅拌均匀，改用打蛋器搅拌成颜色发白的奶油状。

2. 放入鸡蛋搅拌均匀（依次放入蛋黄、蛋白。P11），将B再次过筛后放入，用橡皮刮刀搅拌到没有生粉。依次放入C（从上往下依次放入）、½大匙桂花陈酒，搅拌到出现光泽。

3. 倒入模具中，放入预热后的烤箱，用170℃烘烤35~40分钟，脱模后，用刷子刷上桂花陈酒，放凉。用保鲜膜包裹，放入保鲜袋中，静置约2天。

准备

· 黄油和鸡蛋室温静置回温。将B均匀混合后过筛。

· 模具内涂抹黄油（分量以外），铺上烘焙纸。

抹茶柠檬薄荷蛋糕

抹茶的微苦、柠檬的清香、薄荷的凉爽，完美融合在一起。

材料（长18cm塔盘 1个）

	黄油（无盐）…………………………	50g
A	细砂糖………………………	130g
	盐………………………	¼小匙
	鸡蛋……………………	1个
B	低筋面粉……………………	80g
	抹茶………………1大匙（8g）	
	泡打粉……………………	1小匙
	原味酸奶…………………	50g
	牛奶…………………	50mL
	薄荷叶…………………	30片
	糖渍柠檬片（P44或者柠檬丝）………	
	…………………………	1个柠檬的量
	白朗姆酒…………………	1大匙

准备

· 黄油、鸡蛋、酸奶、牛奶室温静置回温。

· 将B均匀混合后过筛。

· 将20片薄荷叶切粗末。

· 模具内涂抹黄油（分量以外），铺上烘焙纸。

做法

1. 碗内放入黄油，用橡皮刮刀搅拌到顺滑，放入A搅拌均匀，改用打蛋器搅拌成颜色发白的奶油状。

2. 放入蛋液搅拌均匀（依次放入蛋黄、蛋白。P11），将B再次过筛后放入，用橡皮刮刀搅拌到没有生粉。依次放入酸奶、牛奶，搅拌到出现光泽，放入薄荷叶捣碎搅拌均匀。

3. 倒入模具中，放上柠檬片和剩余的薄荷叶，放入预热后的烤箱，用170℃烘烤35分钟。

4. 脱模，刷上白朗姆酒，放凉。用保鲜膜包裹，放入保鲜袋中，静置约2天。

枫糖生姜蛋糕

抹茶柠檬薄荷蛋糕

食用日期	保存期限
1 周后~	**1** 个月半

蜂蜜可可蛋糕

巧克力和蜂蜜慢慢融化，低温慢慢烘烤的一款蛋糕。
放入蜂蜜，口感变得绵润，延长了保存期限。
随着时间的流逝，香气和味道不断变化，每次品尝都会得到不同的味道。

材料（直径14cm的锅 1个）

苦巧克力·······················90g
蜂蜜···························50g
鸡蛋···························3个
A ┌ 杏仁粉·······················30g
  │ 可可粉························6g
  │ 姜粉························¼小匙
  └ 肉桂粉······················¼小匙
细砂糖·························40g

* 选用适用于烤箱材质的锅。

准备

· 将巧克力切碎。
· 鸡蛋室温静置回温，将蛋黄和蛋白分开。
  将A均匀混合后过筛。
· 模具（锅）内涂抹黄油（分量以外），
  铺上烘焙纸。

做法

1. 碗内放入巧克力和蜂蜜，隔水加热融化（图片 a）。

2. 另取一碗，放入蛋黄和1大匙细砂糖，用打蛋器搅拌成颜色发白的奶油状。

3. 2内放入1，搅拌均匀。

4. 另取一碗，放入蛋白，分2~3次放入剩余的细砂糖，用打蛋器打发到有小角立起（图片b）。

5. 3内放入⅓的4，将A再次过筛后放入，用橡皮刮刀像画圈一样从底部往上翻拌，搅拌到没有生粉。

6. 将5倒回4内，搅拌均匀，倒入模具中，放入预热后的烤箱，用160℃烘烤40分钟。

7. 将烤箱门打开后关上，烤箱内温度降到约100℃以后静置。放凉后脱模，用保鲜膜包裹，放入保鲜袋中，在阴凉处静置约3天。

a.
边用橡皮刮刀搅拌，
边加热到约60℃的
热水融化。注意温度
过高容易油水分离。

b.
边放入细砂糖，边用
力打发到出现光泽、
有小角立起。

Part 2

水蒸蛋糕

Steam type

无需用烤箱烘烤，需要水蒸的蛋糕。

使用酒精、蜂蜜、橄榄油等食材，

在蒸好的蛋糕上淋上糖浆就可以了。

配方中也介绍了各种熟成和保存的方法。

刚蒸好就十分美味，

但随着时间流逝，口感变得绵润，味道也会变化。

食用前重新蒸一下，可以作为热甜点食用。

圣诞布丁蛋糕 —→ Page 42

圣诞布丁蛋糕

受一直向往的意大利传统圣诞蛋糕的启发，我创作了这一款布丁蛋糕。
橄榄油让口感变得绵润，水果干丰富了味道。
蒸好后立刻食用非常美味，熟成约 1 个月后更是别有风味。

材料（直径18cm的耐热碗 1个）

	鸡蛋⋯⋯⋯⋯⋯⋯⋯⋯⋯⋯⋯	1个
A	黄糖⋯⋯⋯⋯⋯⋯⋯⋯⋯⋯	30g
	细砂糖⋯⋯⋯⋯⋯⋯⋯⋯⋯	30g
	蜂蜜⋯⋯⋯⋯⋯⋯⋯⋯⋯⋯	1大匙
	牛奶⋯⋯⋯⋯⋯⋯⋯⋯⋯⋯	50mL
	橄榄油⋯⋯⋯⋯⋯⋯⋯⋯⋯	40mL
B	低筋面粉⋯⋯⋯⋯⋯⋯⋯⋯	45g
	杏仁粉⋯⋯⋯⋯⋯⋯⋯⋯⋯	30g
	肉桂粉⋯⋯⋯⋯⋯⋯⋯⋯⋯	¼小匙
	姜粉⋯⋯⋯⋯⋯⋯⋯⋯⋯⋯	⅛小匙
	丁香粉⋯⋯⋯⋯⋯⋯⋯⋯⋯	⅛小匙
	肉豆蔻粉⋯⋯⋯⋯⋯⋯⋯⋯	⅛小匙
	面包粉⋯⋯⋯⋯⋯⋯⋯⋯⋯	25g
C	无花果干⋯⋯⋯⋯⋯⋯⋯⋯	30g
	橙皮（或者糖渍橙片P44）⋯⋯	30g
	葡萄干⋯⋯⋯⋯⋯⋯⋯⋯⋯	100g
	苏丹娜无籽葡萄⋯⋯⋯⋯⋯⋯	60g
	柠檬皮屑⋯⋯⋯⋯⋯⋯	½个柠檬的量
	橙子皮屑⋯⋯⋯⋯⋯⋯	½个橙子的量
	白兰地⋯⋯⋯⋯⋯⋯⋯⋯⋯	40mL

准备

· 将B均匀混合后过筛。

· 无花果干切成1cm小块，橙皮切粗末。

· 将C均匀混合后浸泡，静置约1晚，将水果干泡软。

· 模具（碗）内涂抹黄油（分量以外），底部铺上剪成圆形的烘焙纸。

使用耐热碗作为模具。底部铺上烘焙纸，这样可以干净脱模。

做法

1.

碗内打入鸡蛋，用打蛋器打散，依次放入A，每次都搅拌均匀。

*橄榄油要一点点倒入搅拌，使其乳化。

2.

另取一碗，放入B和面包粉搅拌，放入C，搅拌均匀。

3.

将1倒入2内，用橡皮刮刀搅拌均匀，倒入模具中。

4.

放入散发水蒸气的蒸锅中，覆上毛巾，盖上锅盖，中火蒸2个半小时~2小时45分钟。

*为避免有水滴滴落，在盖上锅盖前要覆上毛巾。边蒸边观察蛋糕上色。

5.

牙签插入蛋糕中间，抽出非常干净就蒸好了。

6.

散热后，将抹刀插入模具和蛋糕之间，翻转模具脱模。

7.

放凉后用保鲜膜包裹，放入保鲜袋中，在阴凉处静置约3天。

新鲜柠檬蛋糕

柠檬的清香和多汁的口感，随着时间的沉淀日益醇厚。

材料（直径18cm的耐热碗 1个）

黄油（无盐）……………… 60g
细砂糖…………………… 35g
鸡蛋………………………2个
牛奶……………………… 45mL
柠檬汁……………………1大匙

A
低筋面粉………………… 120g
泡打粉……………………1小匙

B
水………………………… 75mL
蜂蜜……………………… 25g
柠檬汁…………………… 50mL
细砂糖…………………… 60g

白朗姆酒…………………1大匙
糖渍柠檬片（下述）…………
………………1个柠檬的量

准备

· 鸡蛋和黄油室温静置回温。

· 将A均匀混合后过筛。

· 模具（碗）内涂抹黄油（分量
以外），底部铺上剪成圆形的
烘焙纸，冷藏备用。

做法

1. 制作糖浆。锅内放入B，中火加热到细砂糖融化后，离
火，放凉后倒入白朗姆酒，搅拌均匀。

2. 将柠檬片铺在模具（碗）底部和侧面。

3. 碗内放入黄油，用橡皮刮刀搅拌到顺滑，放入细砂糖搅
拌，改用打蛋器搅拌成颜色发白的奶油状。

4. 一点点放入鸡蛋（依次放入蛋黄、蛋白，P11）和⅓的
牛奶，搅拌均匀，将A再次过筛后放入，用橡皮刮刀像
画圈一样从底部往上翻拌，搅拌到没有生粉。

5. 依次放入剩余的牛奶、柠檬汁，搅拌到出现光泽，倒入2
的模具（碗）。

6. 将5放入散出水蒸气的蒸锅，覆上毛巾，盖上锅盖，蒸
30~35分钟，牙签插入抽出非常干净就可以了。

7. 散热后，淋上1，渗入到蛋糕中，翻转模具脱模。

* 蒸好后可以直接食用，静置时要用保鲜膜包裹，放入保鲜
袋中。

糖渍柠檬片 & 橙片

只需腌渍，做法简单，非常适合与熟成蛋糕搭配。

材料（方便制作的量）
柠檬或者橙子（无农药的有机食品）… 1个
细砂糖…………… 柠檬（橙子）重量的%

做法

1. 柠檬表皮用水洗净（没有无农药的有机食品，也
可以用盐搓洗后洗净），连表皮一起切成3mm
厚。

2. 煮沸消毒的瓶内交叉放入细砂糖和柠檬，最后撒
上一层细砂糖（图片）。

3. 细砂糖融化后就做好了。糖渍橙片做法与此相
同。约10天后连皮就可以食用，浸在腌渍液中可
以放入冰箱冷藏保存1年。

抹茶菠萝蛋糕

抹茶的微苦，与菠萝的酸甜可口完美融合。

材料（直径18cm的耐热碗 1个）

A
- 细砂糖·················· 90g
- 黄油（无盐）·········· 60g
- 菠萝·············· 50g（净重）

- 鸡蛋···················· 3个
- 面包粉················· 50g

B
- 杏仁粉················· 40g
- 低筋面粉·············· 15g
- 抹茶············ 1大匙（8g）
- 泡打粉················· ¾小匙

- 牛奶·················· 1大匙
- 白巧克力碎············ 30g
- 白朗姆酒············· 1½大匙

准备

- 鸡蛋室温静置回温。
- 菠萝去皮去芯，切成5mm小块。
- 将B均匀混合后过筛。
- 模具（碗）内涂抹黄油（分量以外），底部铺上剪成圆形的烘焙纸。

做法

1. 锅内放入A，中火加热，沸腾后转小火煮2~3分钟。放凉后，放入½大匙白朗姆酒，搅拌均匀。

2. 碗内打入鸡蛋，用打蛋器打散，放入1搅拌均匀。

3. 放入面包粉，将B再次过筛后放入，用橡皮刮刀像画圈一样从底部往上翻拌，搅拌到没有生粉。

4. 放入牛奶、白巧克力碎，搅拌到出现光泽，倒入模具中。

5. 将4放入散发水蒸气的蒸锅内，覆上毛巾，盖上锅盖，中火蒸约30分钟，将牙签插入抽出非常干净就可以了。

6. 放凉后，翻转模具脱模，用刷子刷上剩余的白朗姆酒。

* 蒸好后可以直接食用，静置时要用保鲜膜包裹，放入保鲜袋中。

黑巧克力蛋糕

放入醇厚甘甜的糖浆，巧克力味道浓郁。

食用日期	保存期限
*2*天后~	*3*周

材料 (直径18cm的耐热碗 1个)

A ⎡ 低筋面粉··················· 50g
  ⎣ 可可粉··················· 20g

鸡蛋····················· 3个

黄糖····················· 30g

细砂糖··················· 30g

橄榄油··················· 2大匙

B ⎡ 水······················110mL
  │ 细砂糖··················· 25g
  │ 枫糖浆··················45mL
  ⎣ 蜂蜜····················20mL

朗姆酒··················20mL

做法

1. 制作糖浆。锅内放入B，中火加热，沸腾后转小火煮2~3分钟。放凉后，倒入朗姆酒搅拌均匀。

2. 碗内放入蛋黄和黄糖，用打蛋器搅拌均匀。

3. 另取一碗，放入蛋白，分2~3次放入细砂糖，用打蛋器搅拌到有小角立起，制作蛋白霜。

4. 将⅓的3放入2内，用橡皮刮刀搅拌均匀，将A再次过筛后放入搅拌，放入剩余的3，像画圈一样从底部往上翻拌，搅拌到没有生粉。

5. 倒入橄榄油，搅拌到出现光泽，倒入模具中。

6. 将5放入散发水蒸气的蒸锅中，覆上毛巾，盖上锅盖，中火蒸约30分钟，插入牙签抽出非常干净就可以了。

7. 放凉，淋上1，渗入蛋糕中，翻转模具脱模。

* 蒸好后可以直接食用，静置时要用保鲜膜包裹，放入保鲜袋中。

准备

· 鸡蛋放置室温下回温，把蛋黄和蛋白分离。

· 把A均匀混合后过筛。

· 模具（碗）内涂抹黄油（分量外），底部铺上剪成圆形的烘焙纸。

黑糖啤酒蛋糕 —→ Page 50

莓果奶酪蛋糕—→ Page 51

黑糖啤酒蛋糕

啤酒的微苦和黑糖的香气完美融合，形成浓郁醇厚的味道。
熟成后，味道变得香浓柔和。
将无花果切成块，装饰在蛋糕上，让外表更华丽。

材料（18cm长塔盘 1个）

葡萄干·······························100g
无花果干··························100g
啤酒（或者黑啤）···········70mL

A
低筋面粉··························120g
泡打粉······························1小匙

鸡蛋··································2个

B
黑糖··································100g
盐·······································¼小匙
原味豆奶·························50mL

橄榄油·····························40mL
白兰地······························1½大匙

准备

- 鸡蛋室温静置回温。
- 将无花果干切成4等分，和葡萄干一起放入啤酒中浸泡。
- 将A均匀混合后过筛。
- 模具内涂抹黄油（分量以外），铺上烘焙纸。

做法

1. 碗内打入鸡蛋，用打蛋器打散，将B依次放入搅拌均匀。

2. 一点点倒入橄榄油搅拌，将A再次过筛后放入，用橡皮刮刀像画圈一样从底部往上翻拌，搅拌到没有生粉。

3. 放入泡软的葡萄干、½大匙白兰地，搅拌到出现光泽，倒入模具中。

4. 将3放入散发水蒸气的蒸锅，覆上毛巾，盖上锅盖，中火蒸10分钟。打开锅盖，放上泡软的无花果干，继续蒸约20分钟，将牙签插入抽出非常干净就可以了。

5. 放凉后，翻转模具脱模，将剩余的白兰地用刷子刷在蛋糕上。

＊ 蒸好后可以直接食用，静置时要用保鲜膜包裹，放入保鲜袋中。

莓果奶酪蛋糕

放入喜欢的莓果和奶酪，做成口感绵润的熟成奶酪蛋糕。
将材料用力搅拌到顺滑，做出纹路细腻的蛋糕糊。
孩子可以搭配樱桃利口酒，大人可以搭配香槟。

材料（直径18cm的耐热碗 1个）

奶油奶酪……………………… 300g

```
  ┌ 酸奶油……………………… 120g
  │ 细砂糖……………………… 100g
A │ 鸡蛋………………………… 2个
  └ 低筋面粉…………………… 30g
```

混合水果干………………… 60g

（蔓越莓、黑加仑、樱桃、蓝莓、覆盆子、葡萄干）

樱桃利口酒………………… 2大匙

准备

· 鸡蛋和奶油奶酪室温静置回温。

· 低筋面粉过筛备用。

· 混合水果干用1大匙樱桃利口酒浸泡。

· 模具（碗）内涂抹黄油，撒上高筋面粉（皆是分量以外），底部铺上剪成圆形的烘焙纸，冷藏备用。

做法

1. 碗内放入奶油奶酪，用橡皮刮刀搅拌到顺滑，边用打蛋器搅拌，边将A依次放入搅拌。

2. 依次放入淡奶油、泡软的水果干，搅拌均匀，倒入模具中。

3. 将2放入散发水蒸气的蒸锅中，覆上毛巾，盖上锅盖，中火蒸35分钟，转小火蒸约10分钟，插入牙签抽出非常干净就可以了。

4. 放凉后，翻转模具脱模，用刷子刷上剩余的利口酒。

* 蒸好后可以直接食用，静置时要用保鲜膜包裹，放入保鲜袋中。

食用日期	保存期限
*1*周后~	*1*个月

橙子咖啡蛋糕

糖浆慢慢渗入蛋糕,味道浓郁,口感轻盈。
微苦的咖啡,搭配清爽的橙子,味道完美融合。
可可面糊和放入葡萄干的面糊交叉倒入,做出大理石花纹。

材料 (直径18cm的咕咕霍夫模具 1个)

葡萄干	50g
朗姆酒	25mL
鸡蛋	4个
细砂糖	40g
黄糖	40g
橙皮屑	½个橙子的量
面包粉	90g
杏仁粉	50g
牛奶	25mL
可可粉	2小匙

A
水	100mL
细砂糖	120g
速溶咖啡粉	2小匙
橙皮 (削碎)	1个橙子的量
肉桂	½片
丁香	2枝

朗姆酒 (糖浆用)	60mL

准备

· 葡萄干用朗姆酒浸泡。

· 鸡蛋室温静置回温,分成蛋黄和蛋白。

· 模具(无需不粘材质)内涂抹黄油 (分量以外)。

做法

1. 制作糖浆。锅内放入A,中火加热,沸腾后转小火煮2~3分钟,放凉后倒入朗姆酒。

2. 制作蛋白霜。碗内放入蛋白,分2~3次放入细砂糖,用打蛋器打发到有小角立起。

3. 另取一碗,倒入蛋黄和白兰地,用打蛋器搅拌,放入¼的2搅拌,放入橙皮、面包粉、杏仁粉、牛奶,用橡皮刮刀搅拌均匀。

4. 将⅓的3放入2内搅拌,倒回3内,搅拌均匀。

5. 另取一碗,倒入⅓的4,放入可可粉搅拌。剩余的⅔内放入沥干水分的葡萄干,搅拌均匀 (1内放入浸泡的朗姆酒)。

6. 模具内依次交叉倒入½放入葡萄干的面糊、可可面糊、剩余放入葡萄干的面糊,用勺子搅拌2~3次,搅出大理石花纹 (图片a)。

7. 将6放入散发水蒸气的蒸锅内,覆上毛巾,盖上锅盖,中火蒸35~40分钟,插入牙签抽出非常干净就可以了。

8. 将抹刀插入模具和蛋糕之间,将蛋糕剥落,仍然放在模具中,倒入过滤1的糖浆 (图片b)。静置约3小时,让糖浆渗入蛋糕中,翻转模具脱模。用保鲜膜包裹,放入保鲜袋中,静置约3天。

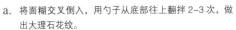

a. 将面糊交叉倒入,用勺子从底部往上翻拌 2~3 次,做出大理石花纹。

b. 将蛋糕从模具中剥落,让底部也浸入糖浆,倒入足够的糖浆。

柿子苹果蛋糕

味道醇厚香甜的柿子和清香的苹果，做成餐后华丽的甜点。

食用日期	保存期限
3天后~	**3**周

材料（直径18cm咕咕霍夫蛋糕模具 1个）

黄油（无盐）················ 60g

A
黄糖················ 40g
细砂糖················ 40g
蜂蜜················ 1小匙
盐················ ¼小匙

鸡蛋················ 2个

B
低筋面粉················ 120g
泡打粉················ 1小匙
肉桂粉················ ½小匙
肉豆蔻粉················ ⅛小匙

苹果················ ½个
柿干（或者椰枣）················ 100g
白兰地················ 2大匙

准备

· 黄油和鸡蛋室温静置回温。将B均匀混合后过筛。

· 苹果剥皮磨碎。柿干切成5mm宽，用1大匙白兰地浸泡。

· 模具（无需不粘材质）内涂抹黄油(分量以外）。

做法

1. 碗内放入黄油，用橡皮刮刀搅拌到顺滑，将A依次放入搅拌，改用打蛋器，搅拌成颜色发白的奶油状。

2. 放入鸡蛋搅拌（依次放入蛋黄、蛋白。P11），将B再次过筛放入，用橡皮刮刀搅拌到没有生粉。放入苹果、柿干，搅拌到出现光泽，倒入模具中。

3. 将2放入散发水蒸气的蒸锅中，覆上毛巾，盖上锅盖，蒸35~40分钟，插入牙签抽出非常干净就可以了。

4. 放凉后，翻转模具脱模，用刷子刷上剩余的白兰地。

* 蒸好后可以直接食用，静置时要用保鲜膜包裹，放入保鲜袋中。

核桃蜂蜜蛋糕

核桃蛋糕内放入蜂蜜，味道浓郁，适合搭配酒类。

食用日期	保存期限
3天后~	*3周*

材料（直径18cm咕咕霍夫蛋糕模具 1个）

核桃……………………………120g
鸡蛋……………………………… 3个
盐……………………………… ¼小匙
细砂糖…………………………… 30g
黄糖……………………………… 30g

A {
面包粉…………………………… 10g
橄榄油………………………… 45mL
柠檬皮屑…………… ½个柠檬的量
}

B {
低筋面粉………………………… 25g
肉桂粉………………………… ⅔小匙
泡打粉………………………… ⅔小匙
}

C {
热水…………………………… 100mL
蜂蜜…………………………… 1½大匙
朗姆酒………………………… 1½大匙
}

准备

· 鸡蛋室温静置回温，分成蛋黄和蛋白。

· 将B均匀混合后过筛。

· 核桃用食物料理机搅碎成粉末。

· 模具（无需不粘材质）内涂抹黄油(分量以外)。

做法

1. 将C均匀混合，放凉后倒入朗姆酒。

2. 碗内放入蛋白和盐，分3次放入细砂糖，用打蛋器打发到有小角立起。

3. 另取一碗，用打蛋器将蛋白和白兰地搅拌，放入¼的2，搅拌均匀。放入A、核桃，将B再次过筛后放入，用橡皮刮刀搅拌到没有生粉。

4. 将⅓的2倒入3中搅拌，倒回2内，搅拌均匀。倒入模具中，放入散发水蒸气的蒸锅中，中火蒸约30分钟，插入牙签抽出非常干净就可以了。

5. 淋上1，渗入蛋糕后，翻转模具脱模。

* 蒸好后可以直接食用，静置时要用保鲜膜包裹，放入保鲜袋中。

生姜蛋糕

放入生姜，味道辛辣。随着熟成，口感变得绵润。

材料（直径18cm的咕咕霍夫蛋糕模具 1个）

糖渍生姜（下述）·····················80g

糖渍生姜的糖浆·····················50mL

黄油（无盐）·····················80g

A
黄糖·····························30g
细砂糖·····························30g
盐·····························¼小匙
蜂蜜·····························2小匙

鸡蛋·····························2个

B
低筋面粉·····························120g
泡打粉·····························1小匙
姜粉·····························1½小匙

牛奶·····························1½大匙

白兰地·····························1½大匙

准备

· 黄油和鸡蛋室温静置回温。

· 将B均匀混合后过筛。

· 模具（无需不粘材质）内涂抹
黄油（分量以外）。

做法

1. 碗内放入黄油，用橡皮刮刀搅拌到顺滑，将A依次放入搅拌，改用打蛋器搅拌成颜色发白的奶油状。

2. 放入鸡蛋搅拌（依次放入蛋黄、蛋白。P11），将B再次过筛后放入，用橡皮刮刀像画圈一样从底部往上翻拌，搅拌到没有生粉。

3. 放入糖渍生姜和糖浆、牛奶、½大匙白兰地，搅拌到出现光泽，倒入模具中。

4. 将3放入散发水蒸气的蒸锅中，覆上毛巾，盖上锅盖，中火蒸约40分钟，插入牙签抽出非常干净就可以了。

5. 放凉后，翻转模具脱模，用刷子刷上剩余的白兰地。

* 蒸好后可以直接食用，静置时要用保鲜膜包裹，放入保鲜袋中。

糖 渍 生 姜

多余的生姜可用于烹饪，兑入苏打水就可以自制生姜啤酒。

材料（方便制作的量）

生姜·············· 300g

细砂糖·············· 250g

水·············· 450mL

做法

将生姜剥皮后切成5mm的薄片。锅内放入所有材料，中火加热，沸腾后转小火煮约40分钟。

倒入煮沸消毒的瓶内，放入冰箱可以冷藏保存约2个月。

白味噌杏蛋糕

放入白味噌，随着熟成，会产生黄油或巧克力般浓郁的味道。
松软热乎的红薯搭配酸甜可口的杏，
会受到大家的欢迎，建议用作甜点或早餐。

材料（18cm长塔盘 1个）

A
- 白味噌·······································50g
- 细砂糖·······································70g
- 黑糖···40g
- 鸡蛋··2个
- 面包粉·······································30g

B
- 低筋面粉·····································45g
- 泡打粉······································⅓小匙
- 红薯···50g
- 杏干···40g
- 朗姆酒····································1½大匙

做法

1. 碗内放入A，用橡皮刮刀搅拌均匀。
2. 1内打入鸡蛋，用打蛋器搅拌，放入面包粉搅拌均匀。
3. 将B再次过筛后放入，用橡皮刮刀像画圈一样从底部往上翻拌，搅拌到没有生粉。
4. 放入准备好的红薯和杏干，搅拌到出现光泽后，倒入模具中。
5. 将4放入散发水蒸气的蒸锅，覆上毛巾，盖上锅盖，中火蒸约30分钟，插入牙签抽出非常干净就可以了。
6. 放凉后，脱模，用刷子刷上剩余的朗姆酒。

* 蒸好后可以直接食用，静置时要用保鲜膜包裹，放入保鲜袋中。

准备

- 鸡蛋室温静置回温。
- 将B均匀混合后过筛。
- 将红薯（带皮）、杏干切成5mm小块，杏干用½大匙朗姆酒浸泡。
- 模具内涂抹黄油（分量以外），铺上烘焙纸。

* **白味噌**
味噌作为发酵食品，非常适合搭配熟成蛋糕。建议选用味道柔和香甜的白味噌。

食用日期	保存期限
3 天后~	3 周

椰子香蕉蛋糕

放入香蕉和椰子，散发南方水果的香味，醇厚浓香。
随着焦糖酱汁一点点渗入蛋糕，就可以食用了。
用布丁模具制作小蛋糕，作为礼物或者招待客人的甜点非常合适。

材料（直径9cm的布丁模具 5个）

香蕉·······························1根

A ┌ 黄油（无盐）···················25g
  └ 细砂糖·························50g

黄油（无盐）·····················75g

细砂糖····························75g

鸡蛋······························2个

B ┌ 低筋面粉····················· 120g
  ├ 泡打粉·························1小匙
  ├ 柠檬皮屑····················· ½个柠檬的量
  ├ 椰奶··························80mL
  └ 朗姆酒························1½大匙

准备

· 黄油和鸡蛋室温静置回温。

· 香蕉剥皮切成1cm宽。

· 将B均匀混合后过筛。

· 模具内涂抹黄油（分量以外），底
  部铺上剪成圆形的烘焙纸。

做法

1. 锅内放入A加热，沸腾后开始变成茶褐色（图片a），放入香蕉，煮成焦黄色（图片b）。离火放凉，倒入模具。

2. 碗内放入黄油，用橡皮刮刀搅拌到顺滑，放入细砂糖搅拌，改用打蛋器搅拌成颜色发白的奶油状。

3. 将鸡蛋放入2内搅拌（依次放入蛋黄、蛋白。P11），将B再次过筛后放入，用橡皮刮刀像画圈一样从底部往上翻拌，搅拌到没有生粉。

4. 放入柠檬皮、椰奶、½大匙朗姆酒，搅拌出出现光泽，倒入1的模具内。

5. 将4放入散发水蒸气的蒸锅中，覆上毛巾，盖上锅盖，中火蒸20～25分钟，牙签插入抽出非常干净就可以了。

6. 用刷子刷上剩余的朗姆酒，放凉后翻转模具脱模。

* 蒸好后可以直接食用，静置时要用保鲜膜包裹，放入保鲜袋中。

煮成茶褐色后，泡沫变得细腻，放入香蕉，煮成焦黄色。

a.　　　　　b.

Part 3

发酵蛋糕

Yeast type

借助天然酵母中的酵母菌，经发酵烘烤而成。

虽然略微花费时间，但味道与众不同。

史多伦蛋糕、咕咕霍夫蛋糕、巴巴蛋糕等欧洲传统

糕点，

都是能长期保存的熟成蛋糕。

这些配方在家里也能轻松制作。

做法简单，不会发酵失败。

史多伦蛋糕 —→ Page64

史多伦蛋糕

庆祝圣诞不可或缺的经典发酵蛋糕。水果干的味道慢慢渗入到蛋糕中，
今日复明日，明日复后日，熟成味道逐渐浓郁。
表面涂抹澄清黄油，撒上大量糖粉，是保存的关键。

材料（25cm×9cm×高4.5cm 1个）

牛奶·················· 45mL

天然酵母（干酵母）······ 7g

A ⎡ 低筋面粉·············· 70g
  ⎣ 细砂糖················ 1小匙

B ⎡ 低筋面粉·············· 180g
  ⎢ 肉桂粉················ ¼小匙
  ⎢ 姜粉·················· ¼小匙
  ⎢ 肉豆蔻粉·············· ⅛小匙
  ⎢ 丁香粉················ ⅛小匙
  ⎣ 黄油（无盐）············ 40g

C ⎡ 细砂糖················ 2小匙
  ⎢ 盐···················· ¼小匙
  ⎣ 鸡蛋·················· 1个

D ⎡ 葡萄干················ 90g
  ⎢ 柠檬皮屑·············· 1个柠檬的量
  ⎢ 糖渍柠檬片（P44）······ 35g
  ⎣ 糖渍橙片（P44）········ 35g

朗姆酒* ················· 2大匙

杏仁片················ 15g

新鲜杏仁膏（P23）········ 30g

黄油（无盐）············ 1大匙

糖粉·················· 适量

* 改变浸泡水果的酒精，会得到不同的味道。

准备

· 鸡蛋室温静置回温。

· 将B均匀混合后过筛。

· 将D均匀混合，将葡萄干浸泡变软。

· 1大匙黄油隔水加热，静置一会儿，分离后，只将上面澄清透彻的黄色部分取出（图片）。

融化黄油的上层澄清的液体，也叫做澄清黄油。

做法

1. 干酵母用接近人体温度的牛奶融化。

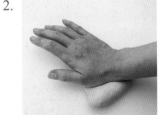

2. 碗内放入A和1，揉成泥状。揉圆后，在干净的案板上揉捏，放回碗内。

3. 碗上盖上盖，室温（约30℃的温暖处）静置，膨胀到2倍大。

4.

另取一碗，放入B和黄油，用手揉搓成松散的状态。

5.

放入C和3，用手揉捏出弹性。

6.

放入B和杏仁，继续揉捏，盖上盖，室温静置，膨胀到2倍大。

7.

将6放在烘焙纸上，用擀面棒擀成长25cm、宽23cm的椭圆形。

8.

将杏仁膏揉成长25cm的棒状，放在7的中间。

9.

敲打两端，折三折使其紧紧重合，将接口处朝下放置。

10.

覆上烘焙纸，室温静置，膨胀到2倍大。

11.

放在烤盘上，涂抹蛋液（分量以外），放入预热后的烤箱，用180℃烘烤30~40分钟。

12.

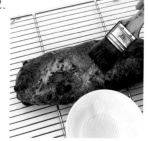

放在烤网上放凉，涂抹准备好的澄清黄油，撒上足量的糖粉。

13.

完全放凉后，用保鲜膜包裹，放入保鲜袋，在阴凉处静置约4天。

巴巴蛋糕 → Page 68

可可莓果巴巴蛋糕 —→ ^{Page}69

燕麦香料巴巴蛋糕 —→ ^{Page}69

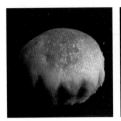

左…巴巴蛋糕
中间…燕麦香料巴巴蛋糕
右…可可莓果巴巴蛋糕

巴巴蛋糕

巴巴蛋糕有着微微的橙香。
请放凉搭配淡奶油食用。

食用日期	保存期限
4天后~	2周

* 提高糖浆的酒精度数，
可以保存 2 个月。

材料（直径7cm的布里欧修模具 10个）

高筋面粉	150g
牛奶	1½大匙
天然酵母（干酵母）	5g

A
鸡蛋	1个
细砂糖	12g
盐	3g
橙皮屑	½个橙子的量

黄油（无盐）	50g

B
水	200mL
细砂糖	100g
朗姆酒	2大匙

准备

· 鸡蛋和黄油室温静置回温。
· 模具（（无需不粘材质）内涂抹
　黄油（分量以外）。

做法

1. 制作糖浆。锅内放入B，中火加热，细砂糖融化后离
　火，放凉后倒入朗姆酒均匀混合。

2. 将干酵母用接近人体温度的牛奶融化。

3. 高筋面粉过筛到碗内，放入A和2（图片a），用手揉
　捏。面团变得有弹性，表面出现光泽后，放入黄油
　揉匀。

4. 碗上盖上盖，室温（约30℃的温暖处）静置，膨胀
　到2倍大。

5. 将4用拳头敲打，分成约28g的面团，揉成丸子形状
　（图片b），放入模具中。

6. 覆上烘焙纸，室温静置，膨胀到2倍大。

7. 烤箱190℃烘烤15分钟，散热后脱模，完全放凉后将
　一面浸入1中，浸入约⅓，放入煮沸消毒的瓶中（有
　时将瓶子倒扣，让蛋糕和糖浆均匀混合）。

* 烤好后可以直接食用，也可以放入瓶中保存。
　食用时，放凉搭配足量的淡奶油。

a. 盐和酵母混合，发酵作用
　会减弱。在粉类中挖出一
　个洞，放盐。

b. 敲打让面团中的二氧化碳溢出，用手整成丸子的形状。

燕麦香料巴巴蛋糕

放入燕麦的蛋糕，浸入香料糖浆中。

食用日期	保存期限
4天后~	2周

* 提高糖浆的酒精度数，
可以保存 2 个月。

材料（直径7cm的布里欧修模具 10个）

A
- 高筋面粉……………………130g
- 燕麦粉……………………… 20g

牛奶……………………… 2大匙
天然酵母（干酵母）…………… 5g

B
- 盐…………………………… 2g
- 细砂糖…………………… 12g
- 鸡蛋……………………… 1个

黄油（无盐）……………… 50g
无花果干………………… 50g

C
- 水……………………… 150mL
- 黄糖…………………… 15g
- 蜂蜜…………………… 30g
- 肉桂…………………… ½片
- 香菜籽………………… 10粒
- 小豆蔻………………… 3粒

朗姆酒…………………25mL

准备

- 鸡蛋和黄油室温静置回温。将A均匀混合过筛。
- 无花果干切成5mm小块。将香菜籽和小豆蔻捣碎，小豆蔻从豆荚中取出种子。
- 模具（无需不沾材质）内涂抹黄油（分量以外）。

做法

1. 锅内放入C，中火加热，沸腾后转小火煮2～3分钟，放凉后倒入朗姆酒均匀混合。
2. 干酵母用接近人体温度的牛奶融化。
3. 碗内放入A、B、2，用手揉匀，揉到面团有弹性、出现光泽后，放入黄油揉匀，碗上盖上盖，室温静置，膨胀到2倍大。
4. 用拳头敲打，放入无花果干揉匀，和P68的步骤5～7一样整形烘烤，浸入1，放入瓶中。

* 烤好后可以直接食用，也可以放入瓶中保存。
食用时，放凉搭配足量的淡奶油。

可可莓果巴巴蛋糕

浸入红葡萄酒糖浆，葡萄干变成了红色的果实。

食用日期	保存期限
4天后~	2周

* 提高糖浆的酒精度数，
可以保存 2 个月。

材料（直径7cm的布里欧修模具 10个）

A
- 高筋面粉………………… 125g
- 可可粉…………………… 10g

牛奶……………………1大匙
天然酵母（干酵母）………… 5g

B
- 盐…………………………… 2g
- 细砂糖…………………… 50g
- 鸡蛋……………………1个

黄油（无盐）……………… 50g
原味酸奶…………………1大匙
葡萄干………………… 50g

C
- 细砂糖…………………… 50g
- 红葡萄酒……………… 150mL

伏特加…………………25mL

准备

- 鸡蛋和黄油室温静置回温。将A均匀混合过筛。
- 模具（无需不沾材质）内涂抹黄油（分量以外）。

做法

1. 锅内放入C，中火加热，细砂糖融化后离火，放凉后倒入伏特加均匀混合。
2. 干酵母用接近人体温度的牛奶融化。
3. 碗内放入A、B、2，用手揉匀，揉到面团有弹性、出现光泽后，放入原味酸奶揉匀，碗上盖上盖，室温静置，膨胀到2倍大。
4. 用拳头敲打，放入葡萄干揉匀，和P68的步骤5～7一样整形烘烤，浸入1，放入瓶中。

* 烤好后可以直接食用，也可以放入瓶中保存。
食用时，放凉搭配足量的淡奶油。

咕咕霍夫蛋糕—→ Page72

巧克力咕咕霍夫蛋糕—→ Page 73

食用日期	保存期限
1周后~	**1**个月

咕咕霍夫蛋糕

咕咕霍夫蛋糕，是法国和澳大利亚的传统糕点，用咕咕霍夫模具烘烤而成。
大量使用鸡蛋和黄油，味道浓郁的发酵糕点。
用洋酒浸泡的水果干的味道逐渐渗入蛋糕中，慢慢熟成。

材料（直径18cm的咕咕霍夫模具 1个）

高筋面粉……………………… 250g

A
{
鸡蛋…………………………… 3个
细砂糖………………………… 20g
盐……………………………… 4g
柠檬皮屑………………… ½个柠檬的量
}

牛奶…………………………… 1大匙
天然酵母（干酵母）…………… 6g
黄油（无盐）………………… 140g
葡萄干………………………… 100g
朗姆酒………………………… 2大匙
杏仁…………………………… 14粒
蛋白………………………… 少量
黄油（无盐）………………… 35g
糖粉………………………… 适量

做法

· 鸡蛋和140g黄油，室温静置回温。

· 葡萄干用朗姆酒浸泡。

· 35g黄油隔水加热融化，取出分离的澄清液，做成澄清黄油（P64）。

· 模具（无需不粘材质）内涂抹黄油（分量以外）。

做法

1. 干酵母用接近人体温度的牛奶融化。

2. 高筋面粉过筛到碗内，放入A、1用手揉匀，揉到有弹性、表面出现光泽后，依次放入黄油、泡软的葡萄干揉匀。

3. 碗上盖上盖，室温（约30℃的温暖处）静置，膨胀到2倍大。

4. 杏仁涂抹上蛋白，摆在模具底部（图片a）。将3用拳头敲打，整成模具的形状，放入模具中（图片b），覆上烘焙纸，室温静置，膨胀到2倍大。

5. 烤箱180℃烘烤40分钟，散热后脱模。用刷子刷上澄清黄油，撒上糖粉。放凉后用保鲜膜包裹，放入保存袋中，在阴凉处静置约3天。

a. 咕咕霍夫的底部铺上杏仁，涂抹上蛋白以免掉落。

b. 敲打排出空气，整成适合模具的大小，在面团中间挖出空洞，更容易放入模具。

巧克力咕咕霍夫蛋糕

可可和白兰地的味道逐渐渗入咕咕霍夫蛋糕中。
入口就感受到巧克力的微苦蔓延开来。
高雅华丽，建议作为特殊日子的礼物。

材料（直径18cm的咕咕霍夫模具 1个）

A
- 高筋面粉⋯⋯⋯⋯⋯⋯⋯⋯⋯ 180g
- 全麦粉⋯⋯⋯⋯⋯⋯⋯⋯⋯⋯ 10g
- 杏仁粉⋯⋯⋯⋯⋯⋯⋯⋯⋯⋯ 60g
- 可可粉⋯⋯⋯⋯⋯⋯⋯⋯⋯⋯ 12g
- 牛奶⋯⋯⋯⋯⋯⋯⋯⋯⋯⋯⋯ 1大匙
- 天然酵母（干酵母）⋯⋯⋯⋯⋯⋯ 6g

B
- 鸡蛋⋯⋯⋯⋯⋯⋯⋯⋯⋯⋯⋯ 3个
- 细砂糖⋯⋯⋯⋯⋯⋯⋯⋯⋯⋯ 75g
- 盐⋯⋯⋯⋯⋯⋯⋯⋯⋯⋯⋯⋯ 4g
- 黄油（无盐）⋯⋯⋯⋯⋯⋯⋯⋯ 130g
- 巧克力碎⋯⋯⋯⋯⋯⋯⋯⋯⋯ 50g

C
- 细砂糖⋯⋯⋯⋯⋯⋯⋯⋯⋯⋯ 50g
- 水⋯⋯⋯⋯⋯⋯⋯⋯⋯⋯⋯⋯ 40mL
- 白兰地⋯⋯⋯⋯⋯⋯⋯⋯⋯⋯ 25mL

准备

- 鸡蛋和黄油室温静置回温。
- 将A均匀混合后过筛。
- 模具（无需不粘材质）内涂抹黄油（分量以外）。

做法

1. 制作糖浆。锅内放入C，中火加热，细砂糖融化后离火，放凉后倒入白兰地搅拌均匀。
2. 干酵母用接近人体温度的牛奶融化。
3. 碗内放入A、B、2，用手揉匀，揉到有弹性、表面出现光泽后，放入黄油揉匀。
4. 碗上盖上盖，室温（约30℃的温暖处）静置，膨胀到2倍大。
5. 将4用拳头敲打，放入巧克力碎揉匀，整成模具的形状，放入模具中，覆上烘焙纸，室温静置，膨胀到2倍大。
6. 烤箱180℃烘烤40分钟，散热后脱模，用刷子刷上1。放凉后用保鲜膜包裹，放入保存袋中，在阴凉处静置约3天。

香橙发酵蛋糕

只需一次发酵，制作简单的发酵蛋糕。

入口后满是糖浆渗入蛋糕的味道和橙子的清香。

建议选用脐橙或者甘夏橙。要选择无农药的有机食品。

材料（直径18cm的蛋糕模具 1个）

<table>
<tr><td rowspan="2">A</td><td>高筋面粉·····························70g</td></tr>
<tr><td>杏仁粉·······························50g</td></tr>
</table>

<table>
<tr><td rowspan="5">B</td><td>黄糖································20g</td></tr>
<tr><td>细砂糖·····························20g</td></tr>
<tr><td>鸡蛋································1个</td></tr>
<tr><td>酸奶油·····························30g</td></tr>
<tr><td>橙皮屑··················· ½个橙子的量</td></tr>
</table>

牛奶·································1大匙

天然酵母（干酵母）·················3g

黄油（无盐）·························50g

糖渍橙片（P44）········ ½个橙子的量

<table>
<tr><td rowspan="3">C</td><td>细砂糖·····························50g</td></tr>
<tr><td>水·································40mL</td></tr>
<tr><td>白兰地······························25mL</td></tr>
</table>

做法

1. 制作糖浆，锅内放入C，中火加热，细砂糖融化后离火，放凉后倒入白兰地搅拌均匀。

2. 干酵母用接近人体温度的牛奶融化。

3. 碗内放入A、B、2，用橡皮刮刀搅拌均匀，搅拌到面团有弹性后，放入黄油搅拌均匀（图片a）。

4. 碗上盖上盖，室温（约30℃的温暖处）静置，膨胀到2倍大。

5. 放入模具，放在糖渍橙片（图片b），静置约10分钟后，烤箱180℃烘烤40分钟。

6. 散热后脱模，用刷子刷上1，让糖浆浸入蛋糕中（图片c）。放凉后用保鲜膜包裹，放入保鲜袋中，在阴凉处静置约2天。

准备

· 鸡蛋和黄油室温静置回温。

· 将A均匀混合后过筛。

· 模具内涂抹黄油，撒上高筋面粉（皆是分量以外），底部铺上剪成圆形的烘焙纸，冷藏备用。

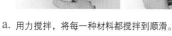

a. 用力搅拌，将每一种材料都搅拌到顺滑。

b. 将发酵的面团倒入模具中，上面摆上糖渍橙片，每片略微重叠。

c. 脱模放在盘子上，用刷子刷上足够的糖浆，让糖浆浸入蛋糕中。

卡布奇诺发酵蛋糕

微苦的蛋糕，非常适合搭配核桃和杏仁碎。

<table>
<tr><td>食用日期</td><td>保存期限</td></tr>
<tr><td>10天后~</td><td>1个月</td></tr>
</table>

材料（直径18cm的蛋糕模具 1个）

A
- 高筋面粉……………… 70g
- 低筋面粉……………… 25g
- 杏仁粉………………… 25g

B
- 盐…………………………… 2g
- 黄糖…………………… 25g
- 细砂糖………………… 25g
- 鸡蛋……………………… 1个
- 酸奶油………………… 90g

- 温水………………… 1大匙
- 天然酵母（干酵母）……… 3g
- 速溶咖啡…………… 2大匙
- 黄油（无盐）………… 50g

C
- 核桃…………………… 30g
- 黄糖…………………… 40g
- 低筋面粉……………… 50g
- 肉桂粉………………… ½小匙
- 黄油（无盐）………… 40g

D
- 细砂糖………………… 50g
- 水…………………… 40mL
- 白兰地………… 25mL

准备

- 面糊用的50g黄油室温静置回温。
- 将A均匀混合后过筛。
- 核桃放入预热后的烤箱，用150℃干烤15分钟，切粗末。
- 模具内涂抹黄油，撒上高筋面粉（皆是分量以外），底部铺上烘焙纸，冷藏备用。

做法

1. 锅内放入D，中火加热，细砂糖融化后离火，放凉后倒入白兰地，搅拌均匀。

2. 碗内放入C，用手揉搓成松散的状态。

3. 干酵母和速溶咖啡用温水融化。

4. 另取一碗，放入A、B、3，用橡皮刮刀搅拌到有弹性，放入黄油搅拌均匀，室温静置，膨胀到2倍大。

5. 模具内依次交叉倒入½的4、½的2，做成两层，静置约10分钟，放入预热后的烤箱，用180℃烘烤40分钟。

6. 散热后淋上1，糖浆渗入蛋糕后脱模。放凉后用保鲜膜包裹，放入保鲜袋中，静置约2天。

苹果发酵蛋糕

松软绵润，有着苹果清香的蛋糕。

<table>
<tr><td>食用日期</td><td>保存期限</td></tr>
<tr><td>10天后~</td><td>3周</td></tr>
</table>

材料（直径14cm的锅* 1个）

A	高筋面粉	70g
	低筋面粉	25g
	杏仁粉	25g
B	细砂糖	40g
	鸡蛋	1个
	原味酸奶	30g
	牛奶	1大匙
	天然酵母（干酵母）	3g
	黄油（无盐）	50g
	苹果	½个
	葡萄干	20g
C	细砂糖	50g
	水	40mL
	白兰地（或者干邑酒）	25mL

* 选用适用于烤箱的锅。

准备

· 黄油室温静置融化。将A均匀混合后过筛。

· 苹果去皮去芯，切成1cm小块。

· 模具（锅）内涂抹黄油，撒上高筋面粉（皆是分量以外），底部铺上烘焙纸，冷藏备用。

做法

1. 锅内放入C，中火加热，细砂糖融化后离火，放凉后倒入白兰地搅拌均匀。

2. 干酵母用接近人体温度的牛奶融化。

3. 碗内放入A、B、2，用橡皮刮刀搅拌到有弹性，放入黄油搅拌均匀，室温静置，膨胀到2倍大。

4. 模具内倒入½的3，侧面放上苹果和葡萄干，以免粘住蛋糕，倒入剩余的面糊，静置约10分钟。

5. 放入预热后的烤箱，用180℃烘烤40分钟。散热后淋上1，等糖浆渗入蛋糕后脱模。放凉后用保鲜膜包裹，放入保鲜袋中，静置约2天。

关于材料

本书配方中主要使用的材料。
熟成蛋糕与普通糕点不同，可以用身边的材料制作。

鸡蛋

鸡蛋使用 M 号（1 个 =60g）。选用新鲜的鸡蛋，提前室温静置回温。和材料搅拌时，要分为蛋黄和蛋白，先放蛋黄，搅拌均匀后再一点点放入蛋白，以免分离。

粉类

改变粉类的比例，口感和味道也会改变。从左上方顺时针依次是：略酸、口味独特的燕麦粉；口感轻盈的玉米淀粉；营养风味、味道浓郁的全麦粉；蓬松有弹性的高筋面粉；口感松软的低筋面粉。

砂糖

使用细砂糖、黄糖和黑糖。颗粒较细的细砂糖容易搅拌，味道清甜。富含矿物质和维生素的黄糖和黑糖味道浓郁香甜，适合搭配天然食材。

油脂

赋予蛋糕醇厚的香气和浓郁的味道。使用无盐黄油。涂抹融化黄油的澄清层（澄清黄油），提高保存性（P64、72）。橄榄油适合搭配香味浓郁的烘烤糕点。

牛奶

除了放入材料中混合，在发酵蛋糕中（P62~77），融化干酵母时，使用加热到人体温度的牛奶。低脂牛奶香气和味道要差一些，所以制作糕点时选用普通牛奶就可以了。

泡打粉

一种膨胀剂，也叫做膨胀粉，用于制作烘烤蛋糕（P12~39）、水蒸蛋糕（P40~61）。和粉类一起过筛放入。最好使用食物添加剂极少的无铝产品。

关于模具

介绍了本书配方中使用的模具。
没有专用模具，也可以使用自家的锅或者碗代替。

磅蛋糕模具
（20cm×9cm×高8cm）

四边的长度或者侧面立起的角度
不同，外形都会不同，选择自己喜
欢的样子。

蛋糕模具（直径18cm）

建议选用马口铁材质的模具，热传
导性能较好。不沾材质的模具，不
会烤焦，脱模也方便。

塔盘（18cm长）

特点是开口朝上、平面铺开，烘烤
均匀。有圆形、椭圆等各种形状。

咕咕霍夫模具（直径18cm）

传统糕点咕咕霍夫使用的模具，中
间有凹陷的模具让成品更华丽，选
用不沾材质的模具更方便。

布里欧修模具（直径7cm）

法国传统糕点布里欧修的模具。也
可以代替巴巴蛋糕模具使用。圆圆
的形状非常可爱。

布丁模具（口径9cm·容量200mL）

用于制作椰子香蕉蛋糕（P60）。
有各种材质，不沾材质的模具方便
脱模。

锅（直径12cm·口径16cm/直径14cm·
口径18cm）

较厚的锅受热均匀、膨胀烘烤。因
为均匀铺开，不会担心回缩。

碗（直径18cm·内径·口径16cm·底部
直径8cm·高7cm）

使用耐热材质的碗。建议使用热传
导柔和、均匀受热的厚碗。

关于替代模具

各个配方的模具，都是
根据蛋糕的特点选用合适的
模具。但是并不一定要使用，
可以用身边的模具。

但是，模具的形状和材
质不同，烘烤时间也不同。
较薄的蛋糕要比较厚的蛋糕
烤得快，像咕咕霍夫模具这
种中间有空洞的模具要比蛋
糕模具烤得快，会有所不同。
表面呈金黄色，插入牙签抽
出非常干净，就证明烤好了。
每次要根据烘烤的状态酌情
调整。

图书在版编目（ＣＩＰ）数据

熟成蛋糕：越放越美味的糕点 /(日) 矶贝由惠著；
周小燕译. -- 北京：中国民族摄影艺术出版社，
2016.10
ISBN 978-7-5122-0910-7

Ⅰ.①熟… Ⅱ.①矶… ②周… Ⅲ.①蛋糕—制作
Ⅳ.①TS213.23

中国版本图书馆CIP数据核字(2016)第208939号

TITLE：〔熟成ケーキ〕
BY：〔磯貝 由惠〕
Copyright © Yoshie Isogai 2014
Original Japanese language edition published by KAWADE SHOBO SHINSHA Ltd. Publishers.
All rights reserved. No part of this book may be reproduced in any form without the written permission of the publisher.
Chinese translation rights arranged with KAWADE SHOBO SHINSHA Ltd. Publishers, Tokyo through Nippon Shuppan Hanbai Inc.

本书由日本株式会社河出书房新社授权北京书中缘图书有限公司出品并由中国民族摄影艺术出版社在中国范围内独家出版本书中文简体字版本。
著作权合同登记号：01-2016-5948

策划制作：北京书锦缘咨询有限公司（www.booklink.com.cn）
总 策 划：陈 庆
策 划：陈 辉
设计制作：柯秀翠

书 名：熟成蛋糕：越放越美味的糕点
作 者：〔日〕矶贝由惠
译 者：周小燕
责 编：张 宇 连 莲
出 版：中国民族摄影艺术出版社
地 址：北京东城区和平里北街14号（100013）
发 行：010-64906396 64211754 84250639
印 刷：莱芜市新华印刷有限公司
开 本：1/16 185mm×260mm
印 张：5
字 数：120千字
版 次：2016年11月第1版第1次印刷
ISBN 978-7-5122-0910-7
定 价：36.00元